Lógica de demostraciones

Primera edición
Por Otakar Molnár López

Contenido

Prefacio

Acerca del autor

Otakar Molnár López es Ingeniero en Telemática, egresado de la Universidad del Caribe en Cancún, y actualmente un desarrollador de software con 13 años de experiencia profesional.

Agradecimientos y dedicatorias

Dedicado a mi papá y a mi mamá que me enseñaron lo que es la lógica y las matemáticas, y muchas cosas más.

Agradezco a todos mis profesores, desde el kinder hasta la universidad.
Agradezco a todos mis líderes de trabajo.
Agradezco a la Verdad, que me ha guiado toda la vida.

Introducción general

La siguiente obra es una introducción a las demostraciones muy básica y lo hace mediante una herramienta llamada *Lógica de demostraciones* que pretende ser equivalente al cálculo proposicional.

La utilidad de saber hacer y transmitir demostraciones de argumentos válidos es amplia. Está en los campos de las matemáticas, la computación, el liderazgo, la política, entre otros. Para comprobar que esto es así, imaginemos a un matemático, a un programador, a un gerente o a un presidente que se contradice o que no es capaz transmitir algo válido.

Las sentencias, su valor de verdad y los operadores lógicos

Las sentencias y su valor de verdad

```
La casa es roja
```

Esta es una sentencia, y puede ser verdadera o falsa. Si la casa de la que estamos hablando realmente es roja, es una sentencia verdadera, y si la casa no es roja, entonces es falsa. A este valor verdadero o falso de una sentencia se le llama valor de verdad.

A la sentencia la podemos simbolizar con una letra que elijamos, por ejemplo, la letra *a*:

```
a
```

Sabiendo su significado, si observamos que la casa realmente es roja, podemos reemplazar a la letra *a* por la *T*, que significa verdadero:

```
a
(Observamos que la casa sí es roja)
T
```

Si observamos que es azul o de cualquier otro color que no es el rojo entonces podemos reemplazar a la letra *a* por la *F*, que significa falso:

```
a
(Observamos que la casa no es roja)
F
```

La negación

Si queremos invertir el valor de verdad de una sentencia introducimos en ella el *no* o algo similar según el idioma que estemos hablando. A esto se le llama negación. Por ejemplo, la negación de la sentencia "la casa es roja" sería "la casa no es roja". Si seguimos representando a la sentencia original con la letra *a*, podemos representar a su negación anteponiendo el símbolo ¬, que se puede leer como "no". Por ejemplo, la negación de la sentencia a sería:

```
¬a
```

que se lee "no *a*". Al igual que antes, mediante observaciones podemos llegar al valor de verdad de la sentencia ¬*a*:

```
¬a
(Observamos que la casa sí es roja)
¬T
F
```

por lo que concluimos que es falso que la casa no es roja, esto por la observación de que la casa sí es roja.

El conectivo "o"

Podemos tener dos sentencias:

```
La casa tiene rojo en su fachada
La casa tiene verde en su fachada
```

En resumen

```
La casa tiene rojo
La casa tiene verde
```

y asignarles la letra *a* y la letra *b* respectivamente.

Ahora, si queremos crear una nueva sentencia que es verdad si la casa tiene rojo, si la casa tiene verde o si la casa tiene los dos colores rojo y verde, lo que haremos es conectar las dos sentencias con el conectivo "o":

```
La casa tiene rojo o la casa tiene verde
```

Si reemplazamos a las sentencias por sus letras, a la "o" por el símbolo $\lor$, y quitamos las comillas, tenemos:

```
a∨b
```

que se lee "*a* o *b*". Si observamos que la casa tiene el color rojo pero no tiene el color verde, entonces, podemos ir reemplazando las letras por su valor de verdad

```
a∨b
T∨F
```

Por el significado del conectivo "o" ($\lor$) basta con que uno de sus lados sea *T* para que toda la sentencia sea *T*, por lo que

a∨b
T∨F
T

De hecho, basta con que hayamos observado sólo uno de los dos colores para determinar que la sentencia es verdadera. Por ejemplo, si observamos sólo el rojo:

a∨b
T∨b
T

El conectivo "y"

Ahora, si queremos crear una nueva sentencia que es verdad sólo si la casa tiene los dos colores rojo y verde, lo que haremos es conectar las dos sentencias con el conectivo "y":

`La casa tiene rojo y la casa tiene verde`

Si reemplazamos a las sentencias por sus letras, a la "y" por el símbolo ∧, y quitamos las comillas, tenemos:

a∧b

que se lee "a y b". Si observamos que la casa tiene el color rojo pero no tiene el color verde, entonces, podemos ir reemplazando las letras por su valor de verdad

a∧b
T∧F

Por el significado del conectivo "y" (∧) basta con que uno de sus lados sea F para que toda la sentencia sea F, por lo que

a∧b
T∧F
F

De hecho, basta con que sólo hayamos observado que falta uno de los colores para determinar que la sentencia es falsa. Por ejemplo, si sólo observamos que falta el rojo:

a∧b
F∧b
F

Si observamos que la casa tiene ambos colores:

a∧b
T∧T
T

En resumen, una sentencia con el conectivo o es verdadera cuando al menos uno de sus dos lados es *T*, y una sentencia con el conectivo y es verdadera sólo cuando ambos lados son *T*. De lo contrario son *F*.

El conectivo "igual"

Analicemos ahora las sentencias "tener 18 años o más" y "ser mayor de edad". En el caso de algunos países como México, la persona que tenga 18 años o más es considerada mayor de edad, y la persona que tenga menos de 18 años es considerada menor de edad. Por lo que si sabemos que alguien es considerado mayor de edad sabemos automáticamente que tiene 18 años o más. Y si sabemos que alguien no es mayor de edad sabemos que no tiene 18 años o más. Por lo que, en México, "tener 18 años o más" y "ser mayor de edad" son sentencias con un valor de verdad equivalente. Si representamos a las sentencias con las letras *a* y *b* respectivamente y a la equivalencia con el símbolo = tenemos

a=b

que se lee "*a* igual a *b*" o "*a* si y solo si *b*" o "*a* equivale a *b*". Si observamos, en México, si alguien es mayor de edad, también vamos a observar que tiene 18 años o más, por lo que

a=b
T=T
T

Si observamos, en México, que alguien es menor de edad, también vamos a observar que tiene menos de 18 años, por lo que

a=b
F=F
T

Ahora, la misma sentencia no es siempre verdadera, por ejemplo, en Estados Unidos, porque ahí la mayoría de edad se alcanza a los 21 años, por lo que si observamos a un sujeto de 20 años:

```
a=b (Tiene 20 años, o sea, 18 años o más)
T=b (es menor de edad, en Estados Unidos)
T=F (no hay equivalencia)
```

F

Por lo que en Estados Unidos, la sentencia $a=b$ con los significados mencionados no siempre es verdadera, mientras que en México siempre es verdadera.

En resumen, una sentencia de equivalencia es verdadera si y solo si lo que tiene a ambos lados es igual, sean lados T o lados F.

El conectivo de implicación

```
Si llueve entonces el piso se moja
```

Esta es otra sentencia. Esta es verdadera si al llover, inevitablemente, el piso se moja. Ahora, si llueve y el piso no se moja entonces sería falsa. Ahora, si no ha llovido, puede que no sepamos si la sentencia es verdadera o falsa, pero aunque no lo supiéramos, sería uno de los dos, a causa de lo que ocurriría si llueve. Si ya hemos comprobado que cuando llueve el piso inevitablemente se moja, aunque actualmente no esté lloviendo, la sentencia sigue siendo verdadera. Si reemplazamos la sentencia "llueve" y la sentencia "el piso se moja" por las letras a y b respectivamente, y la estructura "si ... entonces ..." por una flecha con dirección a la derecha tenemos:

$a \rightarrow b$

que se lee "si a entonces b" o "si a b" o "a implica b". La única diferencia entre la sentencia formal $a \rightarrow b$ y "si llueve entonces el piso se moja" es que, si nunca ha llovido, no está lloviendo y nunca lloverá, la sentencia formal tiene un valor de verdad de T, mientras que "si llueve entonces el piso se moja" no es una sentencia porque no tiene un valor de verdad definido, es decir, sólo es una expresión.

Nótese que si "si llueve entonces el piso se moja" es verdadera, entonces también es verdad que si el piso no está mojado entonces no está lloviendo, es decir, "si el piso no se moja entonces no llueve", o sea

$\neg a \rightarrow \neg b$

Con esta información podemos concluir intuitivamente que la causación y la implicación son diferentes, porque, aunque es verdad que la lluvia es la que causa un piso mojado, sabemos que no es verdad que un piso seco causa que no llueva. Por lo tanto, la implicación y la causación son diferentes. Si quedan dudas de esto, se puede continuar leyendo lo que resta de la obra y volver aquí más adelante.

Variables y la aparición de la lógica en otras áreas

En las matemáticas

En las matemáticas también hay sentencias que pueden ser verdaderas o falsas, como por ejemplo:

$3=3$ que es verdad
$5=2$ que no es verdad

Nótese que el igual entre los números está comparando cantidades, mientras que el igual anterior está comparando valores de verdad. A estas sentencias, por ser sentencias, también las podemos conectar con los conectivos lógicos $\vee$, $\wedge$, etc. o incluso negar la sentencia, y al igual que con la casa, determinar si la sentencia es verdadera o no. Por ejemplo:

$(3=3)\vee(5=2)$
T∨F
T

Otro ejemplo:

$(3=3)\wedge(5=2)$
T∧F
F

Otro ejemplo:

$(3=3)\wedge(2=2)$
T∧T
T

En matemáticas, algunas sentencias pueden ser transformadas en otras que conservan su valor de verdad, por ejemplo, a una ecuación se le puede sumar 1 a ambos lados y no cambia el valor de verdad de la sentencia. Por ejemplo:

$3=3$ es verdadero
$3+1=3+1$ es verdadero
$4=4$ es verdadero

Otro ejemplo:

$5=2$ es falso

5+1=2+1 es falso
6=3 es falso

Por lo que si tenemos una sentencia matemática que forma parte de una sentencia lógica, si aplicamos una transformación que no cambie el valor de verdad de la sentencia matemática, el valor de verdad de la sentencia lógica no cambiará. Ejemplos:

$(3=3) \wedge (2=2)$
T∧T
T

$(3=3) \wedge (2=2)$
$(3+1=3+1) \wedge (2=2)$
$(4=4) \wedge (2=2)$
T∧T
T

Ambas transformaciones llegaron a la misma conclusión porque las verdades matemáticas de las que hablan fueron transformadas de forma que retuviesen su valor de verdad.

En matemáticas normalmente sumamos, restamos, derivamos, integramos, etc. Es decir, resolvemos problemas. Si alguien va un poco más allá, llega a comprender de forma exacta por qué hay infinitos primos, qué es realmente un límite, cuándo converge una secuencia, etc. Es decir, entiende definiciones y demostraciones de teoremas. Si esta persona va todavía más allá entonces se vuelve capaz de crear definiciones y demostrar teoremas él mismo. A esto se le llama hacer matemáticas de forma seria, o adquirir madurez matemática.

Para adquirir madurez matemática es necesario saber pensar de forma lógica.

La lógica y los algoritmos

Para pensar de forma lógica tenemos que ser capaces de saber cuándo podemos transformar una sentencia en otra, y cuándo una transformación retiene el valor de verdad de la sentencia anterior. Es decir, tenemos que entender las reglas de inferencia, y estas reglas son en esencia algoritmos que manipulan símbolos. Por lo que para pensar de forma lógica es necesario tener cierta intuición de lo que es un algoritmo.

Variables

En el ejemplo de la sentencia "La casa es roja" hicimos un reemplazo de la sentencia por la letra *a*. A esta letra *a* que representa un valor de verdad sin definir si es verdadero o falso se le llama variable. Una variable puede aparecer más de una vez en una sentencia. Por ejemplo:

a∨¬a

Si nosotros observamos que la casa sí es roja, entonces podemos reemplazar todas las ocurrencias de *a* en la sentencia por *T*, y de ahí, podemos seguir calculando:

a∨¬a
T∨¬T
T∨F
T

También podemos hacer lo mismo si observamos que la casa no es roja:

a∨¬a
F∨¬F
F∨T
T

Lo importante es entender que, aún si no hemos definido un valor de verdad para una variable, lo que sí sabemos de ella es que tiene sólo un valor de verdad, y que ese mismo valor de verdad es el mismo en todas las ocurrencias de la variable en la sentencia donde aparece.

Un poco de filosofía

¿Qué es la verdad? O más aún, ¿la verdad tiene definición?

En filosofía, un trascendental es aquello que, aunque se puede hablar de ello e incluso se puede ilustrar mediante ejemplos donde aparece, no tiene definición. Se suelen enumerar la verdad, lo bueno y lo bello como los trascendentales más importantes.

En el caso de la lógica se hace mucho referencia a la verdad o a lo verdadero. Y aunque se sospecha que la verdad es un trascendental, y por ende, no tiene definición, creemos que hay la suficiente intuición de parte del lector para entender a lo que nos referimos cuando hablamos de la verdad o lo verdadero.

En cuanto a lo falso o la falsedad, no es un trascendental, y su definición es la siguiente: Aquello que no es verdad.

Sistemas formales

Un juego de reemplazo de letras

Imaginemos el siguiente juego: Tenemos las letras *a*, *b* y *c*. Tenemos "palabras" formadas por combinaciones de estas letras, por ejemplo: *abbccabccab*. Y tenemos reglas para transformar una palabra en otra. Por ejemplo, si tenemos la palabra

abbccabccab

y la regla

abbc→c

podemos transformar la palabra de la siguiente manera:

abbccabccab (identificamos abbc según la regla)
abbccabccab (reemplazamos por c)
ccabccab

porque reemplazamos la ocurrencia de *abbc* por una *c* según la regla.

Ahora el juego en sí: Dada una palabra inicial y una palabra final, usar las reglas de transformación para llegar de la palabra inicial a la final. Por ejemplo:

Palabra inicial: accbbc
Palabra final: abbc
Reglas:
abab→ab (1)
b→aba (2)
ccab→bb (3)

Solución:

accbbc (identificamos según la regla 2)
acc**b**bc (reemplazamos)
accababc (identificamos según la regla 1)
acc**abab**c (reemplazamos)
accabc (identificamos según la regla 3)
a**ccab**c (reemplazamos)
abbc

Sea un juego divertido o no, nos da una idea clara de algo que nos servirá para entender lo que es un sistema formal. Nótese que, en el caso de este juego, las reglas de transformación pueden ser aplicadas en cualquier parte de la palabra. Podríamos agregar reglas más sofisticadas que apliquen sólo a la totalidad de una palabra o que cumplan con ciertas reglas sintácticas.

Definición de sistema formal

Un sistema formal suele estar formado por lo siguiente:

- Un conjunto de sentencias iniciales que son consideradas verdaderas por definición, llamadas comúnmente **axiomas**.
- Un conjunto de reglas de derivación de expresiones, llamadas **reglas de inferencia**, que nos permiten transformar algo en una expresión.
- Un gran conjunto de sentencias verdaderas derivables de las reglas de inferencia. Cuando el contexto indica que el resultado de la aplicación de la regla de inferencia es una sentencia verdadera, a esta sentencia le llamamos **proposición**. También los axiomas pueden ser considerados proposiciones, pero vamos a usar esta palabra para referirnos específicamente a aquellas proposiciones que no son axiomas.

Las siguientes son algunas definiciones dentro de los sistemas formales:
- A una proposición importante se le llama **teorema**.
- A una proposición que es un punto intermedio importante para llegar a un teorema se le llama **lema**.
- A una proposición que es fácilmente demostrable desde un teorema y tiene cierta importancia se le llama **corolario**.
- Si uno presenta primero una sentencia, y luego uno presenta la forma en la que el sistema llega a la conclusión de que esta sentencia es una proposición, a esto se le llama **demostración**.
- Si se cree que una sentencia es verdadera pero no se le ha encontrado una demostración, a esta sentencia se le llama **conjetura**.

También podemos modelar a un sistema formal como un grafo dirigido, esto es, vagamente, una gran cantidad de nodos (los axiomas y proposiciones) conectados entre sí por flechas (las aplicaciones de las reglas de inferencia).

En general, el objetivo de un sistema formal es que con algunas fórmulas básicas y simples manipulaciones de símbolos, es decir, datos, **sintaxis** y algoritmos, derivemos una gran familia de otras fórmulas que tengan un significado y compartan alguna propiedad, como por ejemplo, la propiedad de ser verdad. Es decir, que con datos, sintaxis y algoritmos reflejemos un dominio **semántico**, comúnmente llamado **modelo**.

Si el sistema formal llega a reflejar de forma fiel a todo el modelo, se dice que el sistema es **completo**. Si el sistema formal sólo llega a reflejar de forma fiel a un subconjunto del modelo, el sistema formal no es completo, pero es **sólido**. Si el sistema formal no se contradice consigo mismo se dice que es **consistente**. Nótese la posibilidad de que el sistema sea consistente pero no refleje de forma fiel al modelo, es decir, que llegue a una sentencia que no contradice a ninguna otra sentencia del mismo sistema, pero cuyo significado no corresponde a algo que ocurriría en el modelo.

Tautologías

Introducción

Una tautología es una sentencia que siempre es verdadera, sin importar su contenido, sean valores lógicos definidos como T y F, sean variables lógicas con valores de verdad indefinidos, sean expresiones matemáticas, sean sentencias informales, etc. El ejemplo más sencillo en el lenguaje lógico que hemos analizado sería

T

porque hace una referencia directa a la verdad. Otro ejemplo más complejo es el ejemplo que ya vimos antes:

av¬a

porque no importa qué valor asignemos a la variable a, la conclusión siempre es T:

Si observamos que a es T:
av¬a
Tv¬T
TvF
T

Si observamos que a es F:
av¬a
Fv¬F
FvT
T

Como sólo hay una variable a, y como ya probamos los dos casos en donde a es T y a es F, y como siempre llegamos a la conclusión T, entonces av¬a es una tautología.

Si queremos saber si la sentencia

(av¬a)v(bv¬b)

es una tautología usando el método anterior tendríamos qué probar 4 combinaciones:

Si a es T y b es T:
(Tv¬T)v(Tv¬T)
(TvF)v(TvF)

TvT
T

Si a es T y b es F
(Tv¬T)v(Fv¬F)
(TvF)v(FvT)
TvT
T

y por último las combinaciones donde *a* es *F* y *b* es *T*, y donde *a* es *F* y *b* es *F*. Peor aún, si la sentencia tiene 3 variables tendríamos que probar máximo 8 combinaciones. Si fueran 4, 16 combinaciones, y en general, 2^n combinaciones, donde *n* es el número de variables. Para darnos cuenta de lo impráctico que esto puede llegar a ser, si hubiera 10 variables, el número máximo de combinaciones sería $2^{10}=1024$. Imaginemos ahora 50 variables.

Esto nos motiva a encontrar otros métodos para demostrar si una expresión es una tautología. Sin embargo, adelantándonos un poco, pueden haber algunas tautologías en donde sí es más económico evaluar algunas de sus combinaciones de variables antes de aplicar otros métodos.

Reducción de combinaciones por análisis

Ahora, volviendo al ejemplo anterior

(av¬a)v(bv¬b)

podemos observar que la primera parte es

(av¬a)
av¬a

que ya habíamos demostrado que es una tautología, por lo que

(av¬a)v(bv¬b)
Tv(bv¬b)
T

O incluso, podemos notar que la segunda parte

(bv¬b)
bv¬b

tiene la misma estructura que la tautología $a \vee \neg a$, por lo que también es una tautología, por lo que

$(a \vee \neg a) \vee (b \vee \neg b)$
$(a \vee \neg a) \vee T$
T

¿Qué hicimos? Detectamos un patrón. Detectamos que la nueva sentencia era realmente la unión de dos sentencias que ya sabíamos, por un experimento anterior, son una tautología. Además, por la definición del conectivo $\vee$ no fue necesario evaluar ambos lados. Por lo que no tuvimos que explorar todas las combinaciones.

Lógica de demostraciones

Introducción

El sistema formal que estudiaremos en esta obra, llamado *Lógica de demostraciones*, es un sistema formal de tautologías y vamos a usar algunas técnicas muy interesantes para poder derivar proposiciones.

Una técnica consiste en interpretar a los axiomas y a las proposiciones ya demostradas como reglas de inferencia, de modo que se puedan usar como atajos para hacer demostraciones cada vez más y más directas, es decir, entre más proposiciones se demuestren, habrá más reglas de inferencia, y por lo tanto, demostraciones más cortas. También se hablará de algunas reglas de inferencia que sólo funcionan de manera temporal en el contexto de una hipótesis.

Otra técnica consiste en usar algo llamado esquema de axiomas de generalización, que nos permite demostrar una proposición evaluando una de sus variables.

Otra técnica, llamada sustitución de variables, nos permitirá generar una proposición a partir de otra simplemente reemplazando alguna de sus variables por una expresión cualquiera.

Otra técnica, llamada aquí deducción, permitirá generar una proposición a partir de una o dos derivaciones previas.

La *Lógica de demostraciones* será estudiada como una herramienta que después podrá ser extendida y utilizada por el lector en otras áreas, más que como un objeto de estudio en sí mismo. Al puro estudio de los sistemas lógicos se le llama lógica-matemática y es algo que va más allá del alcance de esta obra. Algo que sí mencionaremos es que la *Lógica de demostraciones*, antes de ser extendida, pretende ser equivalente a la lógica de proposiciones, también llamado cálculo proposicional, que ya se ha demostrado completo y consistente en el marco de la lógica-matemática.

Axiomas

El primer método para demostrar, en este sistema, si una sentencia es una tautología, es encontrar un camino desde *T* hacia la sentencia usando las reglas de inferencia.

El primer axioma es la sentencia trivial

T

Los siguientes axiomas representan a las definiciones de la negación (¬) y los conectivos ∨, ∧, = y →.

¬T=F
¬F=T
T∧T=T
T∧F=F
F∧T=F
F∧F=F
T∨T=T
T∨F=T
F∨T=T
F∨F=F
(T=T)=T
(T=F)=F
(F=T)=F
(F=F)=T
(T→T)=T
(F→T)=T
(F→F)=T
(T→F)=F

Interpretación de las proposiciones de equivalencia como reglas de inferencia

Como podemos observar, las proposiciones anteriores son sentencias de equivalencia. A estas sentencias de equivalencia las podemos interpretar como reglas de inferencia que pueden ser aplicadas en ambas direcciones a una expresión o a una parte parcial de una expresión. Por ejemplo, si quisiéramos demostrar que ¬*F* es una tautología, podríamos empezar probando aplicar a ¬*F* el axioma ¬*F*=*T* como una regla de inferencia, de izquierda a derecha, por lo que al transformarla en *T* podemos sospechar que sí es una tautología, es decir:

¬F (aplicamos la regla ¬F=T)
T

Nótese que aquí seguimos el camino inverso, de la sentencia hacia *T*. Sin embargo, como la regla que usamos contiene una equivalencia, quiere decir que puede ser usada en ambas direcciones, por lo que el camino inverso de *T* hacia la sentencia también es válido:

```
T (aplicamos la regla ¬F=T de derecha a izquierda)
¬F ■
```

Por lo que, al tener un camino que parte de *T*, hemos demostrado nuestro primer teorema: *¬F*. Uno muy sencillo pero a la vez muy importante porque con él hemos aprendido a interpretar a las proposiciones como reglas de inferencia.

Algo interesante que podemos observar es que nuestros axiomas también pueden ser "demostrados" mediante el uso de los otros axiomas o incluso el uso del axioma sobre sí mismo. Por ejemplo:

```
TvF=T (aplicándolo sobre sí mismo)
T=T (aplicando (T=T)=T)
T
```

En este ejemplo, la primera transformación consistió en usar la regla de inferencia *TvF=T* de izquierda a derecha sobre la parte izquierda *TvF* de la expresión inicial *TvF=T*, por lo que el resultado, después de hacer el reemplazo, es *T=T*.

El camino inverso que parte desde *T* es válido también:

```
T (aplicando (T=T)=T de derecha a izquierda)
T=T (aplicando TvF=T de derecha a izquierda sobre la T del lado
izquierdo)
TvF=T
```

En general, como ya se había mencionado antes, una regla de inferencia de una proposición de equivalencia se puede usar sobre una parte parcial de una expresión, o sobre toda la expresión.

Un ejemplo más:

```
(T=T)=T (aplicando (T=T)=T de izquierda a derecha)
T=T (aplicando (T=T)=T de izquierda a derecha)
T
```

y viceversa

```
T (aplicando (T=T)=T de derecha a izquierda)
T=T (aplicando (T=T)=T de derecha a izquierda)
(T=T)=T
```

Esto último de aplicar una proposición como regla de inferencia, partiendo de *T*, para llegar a la misma proposición es algo que sólo podemos hacer con los axiomas, porque ya los hemos aceptado desde antes como sentencias verdaderas. Pero cuando queramos demostrar una proposición que no es un axioma, no podemos usarla para derivar su propia demostración desde T, porque no podemos considerarla verdadera si no hasta que ya ha sido demostrada, y sólo si ya ha sido demostrada podemos interpretarla y usarla como una regla de inferencia válida cuando se parte desde T. Es decir, los **razonamientos circulares** no son válidos para demostrar una sentencia. Si queremos demostrar algo partiendo desde T tenemos que usar un razonamiento no circular, es decir, usar las reglas de inferencia previamente validadas.

** **Las proposiciones de equivalencia pueden ser interpretadas como reglas de inferencia bidireccionales que pueden ser aplicadas en la totalidad o parcialidad de una expresión** **

Por último, vale la pena recalcar que una demostración es válida cuando se encuentra un camino desde T hasta la sentencia a demostrar, pero lo contrario, es decir, encontrar un camino desde la sentencia hasta T, no es una demostración válida.

El esquema de axiomas de generalización

Vamos a demostrar el siguiente teorema:

¬¬a=a

Para esto primero vamos a exponer a continuación un esquema de axiomas, es decir, una expresión que representa a una familia de axiomas. Sea $S(X)$ una sentencia con una variable X, el esquema de axiomas es:

$(S(T) \land S(F) \to S(X)) = T$

que quiere decir, vagamente, que es verdad que una sentencia S con una variable X es verdadera si es verdadera cuando se sustituye su variable X por T y por F. Como ejemplo vamos a usar el teorema que queremos demostrar. Sea S la sentencia ¬¬a=a y X la variable a:

```
T
S(T)∧S(F)→S(X) (reemplazando)
(¬¬T=T)∧(¬¬F=F)→(¬¬a=a)
(¬F=T)∧(¬T=F)→(¬¬a=a)
(T=T)∧(F=F)→(¬¬a=a)
T∧T→(¬¬a=a)
T→(¬¬a=a)
```

Interpretación de las proposiciones de implicación como reglas de inferencia

El resultado $T \rightarrow (\neg\neg a = a)$ es una proposición de implicación, y en este sistema, las implicaciones pueden ser interpretadas como una regla de inferencia que sólo funciona de izquierda a derecha y que puede ser aplicada a la totalidad de una expresión.

** **Las proposiciones de implicación pueden ser interpretadas como reglas de inferencia con dirección de izquierda a derecha aplicables a la totalidad de una expresión** **

Por lo que usando la regla de inferencia podemos hacer automáticamente la demostración:

```
T (aplicando la regla de inferencia sobre la totalidad de la
expresión T)
¬¬a=a ∎
```

Nótese que sólo con el uso de esta implicación como regla de inferencia, el camino inverso no es válido por ahora, ya que la regla sólo tiene una dirección. Aunque con el uso de otras reglas sí puede llegar a ser válido.

Sustitución de variables

Vamos a demostrar

$$\neg\neg(x \wedge y) = (x \wedge y)$$

Ya demostramos anteriormente $\neg\neg a = a$. En las proposiciones ya demostradas, las variables pueden ser sustituidas por otra variable o incluso por otra expresión. En el caso de la proposición

$$\neg\neg a = a$$

podemos sustituir a la variable a por la sentencia $(x \wedge y)$ y demostrar directamente lo que queríamos:

```
¬¬a=a
¬¬(x∧y)=(x∧y) ∎
```

Como $\neg\neg a = a$ es una proposición y por lo tanto ya hay un camino de T a ella, hemos encontrado un camino de T a $\neg\neg(x \wedge y) = (x \wedge y)$ usando la sustitución de variables, por lo que la demostración queda completada.

Ahorro de un paso en la generalización

Vamos a demostrar

$(T{\to}a)=a$

T
$S(T)\wedge S(F){\to}S(X)$ (reemplazando)
$((T{\to}T)=T)\wedge((T{\to}F)=F){\to}((T{\to}a)=a)$
$(T=T)\wedge(F=F){\to}((T{\to}a)=a)$
$T\wedge T{\to}((T{\to}a)=a)$
$T{\to}((T{\to}a)=a)$

Por lo que al tener la nueva regla de inferencia *T→((T→a)=a)* queda demostrada la proposición mediante la demostración

T
$(T{\to}a)=a$ ∎

y la nueva proposición, o sus derivados hechos con sustitución de variables, pueden, a su vez, ser interpretados como nuevas reglas de inferencia que nos ahorrarán un paso en los siguientes usos del esquema de axiomas.

Demostración de las leyes de la lógica

Introducción

A continuación vamos a hacer una serie de demostraciones de las leyes de la lógica. En otros tratados estas leyes son introducidas como axiomas. En este tratado son introducidas como teoremas a demostrar, por lo que lo que sigue es un poco tedioso. Si el lector así lo desea, se puede ir saltando las demostraciones formales y ver sólo los resultados, además, al final de esta sección hay un resumen de las leyes demostradas.

Ley de identidad de la variable

Vamos a demostrar

$a=a$

Nótese que

```
(T→a)=a (sustitución de variables)
(T→(a=a))=(a=a)
```

```
T
S(T)∧S(F)→S(X) (reemplazando)
(T=T)∧(F=F)→(a=a)
T∧T→(a=a)
T→(a=a) (usando (T→(a=a))=(a=a) como regla de inferencia)
a=a ∎
```

por lo que ya no tenemos que hacer una demostración intermedia para hacer la demostración final al usar el esquema de axiomas.

Leyes de elementos de identidad

Vamos a demostrar

a∧T=a

```
T
S(T)∧S(F)→S(X)
(T∧T=T)∧(F∧T=F)→(a∧T=a)
(T=T)∧(F=F)→(a∧T=a)
T∧T→(a∧T=a)
T→(a∧T=a)
a∧T=a ∎
```

Es importante analizar el significado de lo que se va demostrando. Ahora acabamos de demostrar que si conectamos una variable y la *T* con el conectivo ∧, o lo que es lo mismo, si hicimos una **conjunción** entre una variable y la *T*, el resultado es la misma variable. Esto tiene fuertes implicaciones si consideramos que podemos usar la sustitución de variables o que podemos interpretar a la proposición como regla de inferencia bidireccional. Por ahora el orden de los factores parece ser estático, pero más adelante iremos demostrando que el orden de algunos factores no altera el producto.

Vamos a demostrar

a∨F=a

```
T
```

$S(T) \wedge S(F) \rightarrow S(X)$
$(T \vee F = T) \wedge (F \vee F = F) \rightarrow (a \vee F = a)$
$(T = T) \wedge (F = F) \rightarrow (a \vee F = a)$
$T \wedge T \rightarrow (a \vee F = a)$
$T \rightarrow (a \vee F = a)$
$a \vee F = a$ ∎

En este caso, si conectamos una variable y la *F* con un conectivo *∨*, o lo que es lo mismo, hicimos una **disyunción** entre una variable y la *F*, el resultado es la misma variable.

Leyes de anulación

Vamos a demostrar

$a \wedge F = F$

T
$S(T) \wedge S(F) \rightarrow S(X)$
$(T \wedge F = F) \wedge (F \wedge F = F) \rightarrow (a \wedge F = F)$
$(F = F) \wedge (F = F) \rightarrow (a \wedge F = F)$
$T \wedge T \rightarrow (a \wedge F = F)$
$T \rightarrow (a \wedge F = F)$
$a \wedge F = F$ ∎

Es decir, la conjunción de una variable con *F* siempre es *F*.

Vamos a demostrar

$a \vee T = T$

T
$S(T) \wedge S(F) \rightarrow S(X)$
$(T \vee T = T) \wedge (F \vee T = T) \rightarrow (a \vee T = T)$
$(T = T) \wedge (T = T) \rightarrow (a \vee T = T)$
$T \wedge T \rightarrow (a \vee T = T)$
$T \rightarrow (a \vee T = T)$
$a \vee T = T$ ∎

Es decir, la disyunción de una variable con *T* siempre es *T*.

28

Leyes de idempotencia

Vamos a demostrar

a∧a=a

T
S(T)∧S(F)→S(X)
(T∧T=T)∧(F∧F=F)→(a∧a=a)
(T=T)∧(F=F)→(a∧a=a)
T∧T→(a∧a=a)
T→(a∧a=a)
a∧a=a ∎

Vamos a demostrar

a∨a=a

T
S(T)∧S(F)→S(X)
(T∨T=T)∧(F∨F=F)→(a∨a=a)
(T=T)∧(F=F)→(a∨a=a)
T∧T→(a∨a=a)
T→(a∨a=a)
a∨a=a ∎

Leyes de inverso

Vamos a demostrar

a∧¬a=F

T
S(T)∧S(F)→S(X)
(T∧¬T=F)∧(F∧¬F=F)→(a∧¬a=F)
(T∧F=F)∧(F∧T=F)→(a∧¬a=F)
(F=F)∧(F=F)→(a∧¬a=F)
T∧T→(a∧¬a=F)
T→(a∧¬a=F)
a∧¬a=F ∎

Vamos a demostrar la siguiente sentencia, que ya podemos ir sospechando es una tautología, cuyo lado izquierdo es comparable a la famosa expresión de William Shakespeare "ser o no ser":

$a \lor \neg a = T$

```
T
S(T)∧S(F)→S(X)
(T∨¬T=T)∧(F∨¬F=T)→(a∨¬a=T)
(T∨F=T)∧(F∨T=T)→(a∨¬a=T)
(T=T)∧(T=T)→(a∨¬a=T)
T∧T→(a∨¬a=T)
T→(a∨¬a=T)
a∨¬a=T  ∎
```

Leyes de conmutatividad de una variable

Vamos a demostrar

$a \land T = T \land a$

Primero, nótese que

```
a∧T=T∧a (identidad del lado izquierdo)
a=T∧a
```

Luego, para demostrar *a=T∧a*

```
T
S(T)∧S(F)→S(X)
(T=T∧T)∧(F=T∧F)→(a=T∧a)
(T=T)∧(F=F)→(a=T∧a)
T→(a=T∧a)
a=T∧a
a∧T=T∧a (identidad del lado izquierdo de derecha a izquierda)  ∎
```

Vamos a demostrar

$a \land F = F \land a$

Primero nótese que

a∧F=F∧a (anulación del lado izquierdo)
F=F∧a

Luego, para demostrar *F=F∧a*

T
S(T)∧S(F)→S(X)
(F=F∧T)∧(F=F∧F)→(F=F∧a)
(F=F)∧(F=F)→(F=F∧a)
T→(F=F∧a)
F=F∧a
a∧F=F∧a (anulación del lado izquierdo de derecha a izquierda) ∎

Nótese que al aplicar la anulación de derecha a izquierda en el lado izquierdo de la equivalencia, se optó por usar la variable que ya había en lugar de introducir una nueva. Esto no afecta el valor de verdad de la sentencia y permite concluir con la demostración. Cuando una regla de inferencia introduce una variable, la variable puede ser una nueva (usando s.v.) o una ya existente en la sentencia original.

Vamos a demostrar

a∨T=T∨a

T
S(T)∧S(F)→S(X)
(T∨T=T∨T)∧(F∨T=T∨F)→(a∨T=T∨a)
(T=T)∧(T=T)→(a∨T=T∨a)
T→(a∨T=T∨a)
a∨T=T∨a ∎

Vamos a demostrar

a∨F=F∨a

T
S(T)∧S(F)→S(X)
(T∨F=F∨T)∧(F∨F=F∨F)→(a∨F=F∨a)
(T=T)∧(F=F)→(a∨F=F∨a)
T→(a∨F=F∨a)
a∨F=F∨a ∎

Leyes de conmutatividad de 2 variables

Vamos a demostrar

$(a \wedge b) = (b \wedge a)$

```
T
S(T)∧S(F)→S(X)
((T∧b)=(b∧T))∧((F∧b)=(b∧F))→((a∧b)=(b∧a)) (usando a∧T=T∧a y  a∧F=F∧a
con s.v. (sustitución de variable))
((T∧b)=(T∧b))∧((F∧b)=(F∧b))→((a∧b)=(b∧a)) (usando a=a con s.v.)
T∧T→((a∧b)=(b∧a))
T→((a∧b)=(b∧a))
(a∧b)=(b∧a) ∎
```

Vamos a demostrar

$(a \vee b) = (b \vee a)$

```
T
S(T)∧S(F)→S(X)
((T∨b)=(b∨T))∧((F∨b)=(b∨F))→((a∨b)=(b∨a))
((T∨b)=(T∨b))∧((F∨b)=(F∨b))→((a∨b)=(b∨a))
T∧T→((a∨b)=(b∨a))
T→((a∨b)=(b∨a))
(a∨b)=(b∨a) ∎
```

Leyes de asociatividad

Vamos a demostrar

$(a \wedge b) \wedge c = a \wedge (b \wedge c)$

```
T
S(T)∧S(F)→S(X)
((T∧b)∧c=T∧(b∧c))∧((F∧b)∧c=F∧(b∧c))→((a∧b)∧c=a∧(b∧c))
((b)∧c=(b∧c))∧((F)∧c=F)→((a∧b)∧c=a∧(b∧c))
((b∧c)=(b∧c))∧(F=F)→((a∧b)∧c=a∧(b∧c))
T∧T→((a∧b)∧c=a∧(b∧c))
T→((a∧b)∧c=a∧(b∧c))
(a∧b)∧c=a∧(b∧c) ∎
```

Vamos a demostrar

(a∨b)∨c=a∨(b∨c)

T
S(T)∧S(F)→S(X)
((T∨b)∨c=T∨(b∨c))∧((F∨b)∨c=F∨(b∨c))→((a∨b)∨c=a∨(b∨c))
((T)∨c=T)∧((b)∨c=(b∨c))→((a∨b)∨c=a∨(b∨c))
(T=T)∧(b∨c=b∨c)→((a∨b)∨c=a∨(b∨c))
T∧T→((a∨b)∨c=a∨(b∨c))
T→((a∨b)∨c=a∨(b∨c))
(a∨b)∨c=a∨(b∨c) ∎

Leyes de distributividad

Vamos a demostrar

a∨(b∧c)=(a∨b)∧(a∨c)

T
S(T)∧S(F)→S(X)
(T∨(b∧c)=(T∨b)∧(T∨c))∧(F∨(b∧c)=(F∨b)∧(F∨c))→(a∨(b∧c)=(a∨b)∧(a∨c))
(T=T∧T)∧(b∧c=b∧c)→(a∨(b∧c)=(a∨b)∧(a∨c))
(T=T)∧T→(a∨(b∧c)=(a∨b)∧(a∨c))
T∧T→(a∨(b∧c)=(a∨b)∧(a∨c))
T→(a∨(b∧c)=(a∨b)∧(a∨c))
a∨(b∧c)=(a∨b)∧(a∨c) ∎

Vamos a demostrar

a∧(b∨c)=(a∧b)∨(a∧c)

T
S(T)∧S(F)→S(X)
(T∧(b∨c)=(T∧b)∨(T∧c))∧(F∧(b∨c)=(F∧b)∨(F∧c))→(a∧(b∨c)=(a∧b)∨(a∧c))
((b∨c)=b∨c)∧(F=F∨F)→(a∧(b∨c)=(a∧b)∨(a∧c))
T∧(F=F)→(a∧(b∨c)=(a∧b)∨(a∧c))
T∧T→(a∧(b∨c)=(a∧b)∨(a∧c))
T→(a∧(b∨c)=(a∧b)∨(a∧c))
a∧(b∨c)=(a∧b)∨(a∧c) ∎

Leyes de absorción

Vamos a demostrar

a∧(a∨b)=a

T
S(T)∧S(F)→S(X)
(T∧(T∨b)=T)∧(F∧(F∨b)=F)→(a∧(a∨b)=a)
((T∨b)=T)∧(F=F)→(a∧(a∨b)=a)
(T=T)∧T→(a∧(a∨b)=a)
T∧T→(a∧(a∨b)=a)
T→(a∧(a∨b)=a)
a∧(a∨b)=a ∎

Vamos a demostrar

a∨(a∧b)=a

T
S(T)∧S(F)→S(X)
(T∨(T∧b)=T)∧(F∨(F∧b)=F)→(a∨(a∧b)=a)
(T=T)∧((F∧b)=F)→(a∨(a∧b)=a)
T∧(F=F)→(a∨(a∧b)=a)
T∧T→(a∨(a∧b)=a)
T→(a∨(a∧b)=a)
a∨(a∧b)=a ∎

Leyes de De Morgan

Vamos a demostrar

¬(a∧b)=¬a∨¬b

T
S(T)∧S(F)→S(X)
(¬(T∧b)=¬T∨¬b)∧(¬(F∧b)=¬F∨¬b)→(¬(a∧b)=¬a∨¬b)
(¬(T∧b)=F∨¬b)∧(¬(F∧b)=T∨¬b)→(¬(a∧b)=¬a∨¬b)
(¬(b)=¬b)∧(¬(F)=T)→(¬(a∧b)=¬a∨¬b)

$(\neg b = \neg b) \wedge (T=T) \rightarrow (\neg (a \wedge b) = \neg a \vee \neg b)$

$T \wedge T \rightarrow (\neg (a \wedge b) = \neg a \vee \neg b)$

$T \rightarrow (\neg (a \wedge b) = \neg a \vee \neg b)$

$\neg (a \wedge b) = \neg a \vee \neg b$ ∎

Vamos a demostrar

$\neg (a \vee b) = \neg a \wedge \neg b$

T

$S(T) \wedge S(F) \rightarrow S(X)$

$(\neg (T \vee b) = \neg T \wedge \neg b) \wedge (\neg (F \vee b) = \neg F \wedge \neg b) \rightarrow (\neg (a \vee b) = \neg a \wedge \neg b)$

$(\neg (T \vee b) = F \wedge \neg b) \wedge (\neg (F \vee b) = T \wedge \neg b) \rightarrow (\neg (a \vee b) = \neg a \wedge \neg b)$

$(\neg (T) = F) \wedge (\neg (b) = \neg b) \rightarrow (\neg (a \vee b) = \neg a \wedge \neg b)$

$(F=F) \wedge (\neg b = \neg b) \rightarrow (\neg (a \vee b) = \neg a \wedge \neg b)$

$T \wedge T \rightarrow (\neg (a \vee b) = \neg a \wedge \neg b)$

$T \rightarrow (\neg (a \vee b) = \neg a \wedge \neg b)$

$\neg (a \vee b) = \neg a \wedge \neg b$ ∎

Resumen de las leyes de la lógica

He aquí un resumen de todas las leyes demostradas con algunos comentarios. Recordemos que todas estas leyes se pueden usar como reglas de inferencia.

Ley de la doble negación

$\neg \neg a = a$

Un valor de verdad negado dos veces es igual a sí mismo.

Ley de identidad de la variable

$a = a$

Todo valor de verdad es igual a sí mismo.

Leyes de elementos de identidad

$a \wedge T = a$

$a \vee F = a$

La disyunción con T y la conjunción con F no afectan a lo demás.

Leyes de anulación

$a \wedge F = F$

$a \vee T = T$

La disyunción con F y la conjunción con T anulan a lo demás.

Leyes de idempotencia

a∧a=a

a∨a=a

Un valor de verdad operado consigo mismo con conjunción o disyunción no cambia el valor de verdad.

Leyes de inverso

a∧¬a=F

a∨¬a=T

Un valor de verdad operado con su negación da *F* en la disyunción y *T* en la conjunción.

Leyes de conmutatividad de una variable

a∧T=T∧a

a∧F=F∧a

a∨T=T∨a

a∨F=F∨a

El orden de los factores no altera el producto en el caso de la disyunción o conjunción de una variable y un valor de verdad.

Leyes de conmutatividad de 2 variables

(a∧b)=(b∧a)

(a∨b)=(b∨a)

El orden de los factores no altera el producto en el caso de la disyunción y la conjunción.

Leyes de asociatividad

(a∧b)∧c=a∧(b∧c)

(a∨b)∨c=a∨(b∨c)

El orden de la misma operación sucesiva no altera el producto en el caso de la disyunción y la conjunción.

Leyes de distributividad

a∨(b∧c)=(a∨b)∧(a∨c)

a∧(b∨c)=(a∧b)∨(a∧c)

Las operaciones de disyunción pueden ser distribuidas o factorizadas en una conjunción, y viceversa.

Leyes de absorción

a∧(a∨b)=a

a∨(a∧b)=a

Casos en los que se puede eliminar una variable.

Leyes de De Morgan

¬(a∧b)=¬a∨¬b

¬(a∨b)=¬a∧¬b

La negación de una conjunción es igual a la disyunción de la negación de los factores, y viceversa. Es una especie de distribución o factorización de la negación.

Demostración de teoremas un poco más avanzados

Leyes de equivalencia

Vamos a demostrar

$(a=T)=a$

```
T
S(T)∧S(F)→S(X)
((T=T)=T)∧((F=T)=F)→((a=T)=a)
(T=T)∧(F=F)→((a=T)=a)
T∧T→((a=T)=a)
(a=T)=a  ∎
```

Vamos a demostrar

$(a=F)=¬a$

```
T
S(T)∧S(F)→S(X)
((T=F)=¬T)∧((F=F)=¬F)→((a=F)=¬a)
(F=F)∧(T=T)→((a=F)=¬a)
(a=F)=¬a  ∎
```

Leyes de conmutatividad de equivalencia de una variable

Vamos a demostrar

$(a=T)=(T=a)$

```
T
S(T)∧S(F)→S(X)
((T=T)=(T=T))∧((F=T)=(T=F))→((a=T)=(T=a))
(T=T)∧(F=F)→((a=T)=(T=a))
(a=T)=(T=a)  ∎
```

Vamos a demostrar

$(a=F)=(F=a)$

T
$S(T)\wedge S(F)\rightarrow S(X)$
$((T=F)=(F=T))\wedge((F=F)=(F=F))\rightarrow((a=F)=(F=a))$
$(F=F)\wedge(T=T)\rightarrow((a=F)=(F=a))$
$(a=F)=(F=a)$ ∎

Ley de conmutatividad de equivalencia de 2 variables

Vamos a demostrar

$(a=b)=(b=a)$

T
$S(T)\wedge S(F)\rightarrow S(X)$
$((T=b)=(b=T))\wedge((F=b)=(b=F))\rightarrow((a=b)=(b=a))$
$((T=b)=(T=b))\wedge((F=b)=(F=b))\rightarrow((a=b)=(b=a))$
$T\wedge T\rightarrow((a=b)=(b=a))$
$(a=b)=(b=a)$ ∎

Otra forma de expresar la igualdad

Si somos observadores, podremos notar que el operador de equivalencia puede ser definido en términos de los operadores ¬, $\wedge$ y $\vee$. Vamos a demostrar que

$(a=b)=(a\wedge b)\vee(\neg a\wedge\neg b)$

T
$S(T)\wedge S(F)\rightarrow S(X)$
$((T=b)=(T\wedge b)\vee(\neg T\wedge\neg b))\wedge((F=b)=(F\wedge b)\vee(\neg F\wedge\neg b))\rightarrow((a=b)=(a\wedge b)\vee(\neg a\wedge\neg b))$
$((T=b)=(T\wedge b)\vee(F\wedge\neg b))\wedge((F=b)=(F\wedge b)\vee(T\wedge\neg b))\rightarrow((a=b)=(a\wedge b)\vee(\neg a\wedge\neg b))$
$((b)=(b)\vee(F))\wedge((\neg b)=(F)\vee(\neg b))\rightarrow((a=b)=(a\wedge b)\vee(\neg a\wedge\neg b))$
$(b=b)\wedge(\neg b=\neg b)\rightarrow((a=b)=(a\wedge b)\vee(\neg a\wedge\neg b))$
$T\rightarrow((a=b)=(a\wedge b)\vee(\neg a\wedge\neg b))$
$(a=b)=(a\wedge b)\vee(\neg a\wedge\neg b)$ ∎

Otra forma de expresar la implicación

Si somos observadores, podremos notar que el operador de implicación puede ser definido en términos de los operadores ¬ y ∨. Vamos a demostrar que

$(a{\rightarrow}b)=(\neg a\vee b)$

T
$S(T)\wedge S(F){\rightarrow}S(X)$
$((T{\rightarrow}b)=(\neg T\vee b))\wedge((F{\rightarrow}b)=(\neg F\vee b)){\rightarrow}((a{\rightarrow}b)=(\neg a\vee b))$
$((T{\rightarrow}b)=(F\vee b))\wedge((F{\rightarrow}b)=(T\vee b)){\rightarrow}((a{\rightarrow}b)=(\neg a\vee b))$
$((T{\rightarrow}b)=b)\wedge(T=T){\rightarrow}((a{\rightarrow}b)=(\neg a\vee b))$ (Recordemos que $(T{\rightarrow}a)=a$, s.v.)
$T\wedge T{\rightarrow}((a{\rightarrow}b)=(\neg a\vee b))$
$(a{\rightarrow}b)=(\neg a\vee b)$ ∎

Modus ponens

Tradicionalmente, en la lógica, se enseña la regla de inferencia modus ponens, que dice

$a{\rightarrow}b$
a
∴ b

que se lee "*a* implica *b*, *a*, por lo tanto *b*", y que es equivalente a nuestra forma de interpretar a las proposiciones de implicación como reglas de inferencia. El modus ponens puede ser expresado como una sentencia, y esa sentencia es una tautología, por lo que es un teorema en nuestro sistema, y una vez demostrado puede ser interpretado también como una regla de inferencia. Vamos a demostrar que

$((a{\rightarrow}b)\wedge a){\rightarrow}b$

$((a{\rightarrow}b)\wedge a){\rightarrow}b$
$((\neg a\vee b)\wedge a){\rightarrow}b$
$(a\wedge(\neg a\vee b)){\rightarrow}b$
$((a\wedge\neg a)\vee(a\wedge b)){\rightarrow}b$
$(F\vee(a\wedge b)){\rightarrow}b$
$(a\wedge b){\rightarrow}b$
$\neg(a\wedge b)\vee b$
$(\neg a\vee\neg b)\vee b$
$\neg a\vee(\neg b\vee b)$
$\neg a\vee T$

T

Como todo fue transformado con reglas de inferencia de equivalencia el camino inverso de *T* al teorema es válido, por lo que el teorema queda demostrado. ∎

Resumen de cómo aplicar las reglas de inferencia

Daremos un repaso de cómo aplicar las reglas de inferencia.

Reglas de inferencia de equivalencia

En el caso de las equivalencias, si tenemos una regla de inferencia del tipo *A=B*, estamos derivando y hemos llegado a *A*

. . .
A

aplicamos la regla de inferencia *A=B* y concluimos *B* con ella.

. . .
A
B

o viceversa

. . .
B
A

También vimos que las reglas de inferencia de equivalencia pueden ser aplicadas sobre parcialidades de una expresión. Por ejemplo, si tenemos una regla de inferencia *A=B* la siguiente derivación es válida

. . .
. . .A. . .
. . .B. . .

donde ...*A*... es una sentencia que contiene una ocurrencia de *A* y ...*B*... es la misma sentencia habiéndo reemplazado esa ocurrencia de *A* por *B*, y la derivación es válida porque en el último paso se aplicó la regla de inferencia *A=B*. Como *A=B* es una regla de inferencia bidireccional entonces

. . .
. . .B. . .
. . .A. . .

también es una derivación válida.

Reglas de inferencia de implicación

También vimos cómo aplicar las reglas de inferencia de implicación, del tipo $A{\to}B$, en donde podemos hacer lo siguiente

. . .
A
B

pero no lo siguiente

. . .
B
A

ya que la implicación sólo nos permite aplicar la regla de izquierda a derecha. Además, las reglas de inferencia de implicación no siempre pueden aplicarse a parcialidades de expresiones, por lo que si tenemos una regla de inferencia del tipo $A{\to}B$, la siguiente derivación podría ser inválida:

. . .
. . .A. . .
. . .B. . . (esto puede estar mal)

Una forma más de aplicar reglas de inferencia

Si tenemos la siguiente secuencia válida de expresiones

. . .
A
. . .
B

y una regla de inferencia del tipo $(A{\land}B){\to}C$ podemos concluir que

. . .

```
A
...
B
por consiguiente
C
```

ya que *A* y *B* son sentencias previamente validadas. De igual modo, si tenemos una regla de inferencia del tipo *(A ∨B)→C* podemos hacer las siguientes conclusiones:

```
...
A
por consiguiente
C
```

o

```
...
B
por consiguiente
C
```

ya que *A* o *B* fueron expresiones previamente validadas. Por lo que los conectivos ∧ y ∨ en las reglas de inferencia pueden ser interpretados como conjunciones o disyunciones de proposiciones previamente validadas. Se dejará a la intuición del lector el entender porqué estas nuevas formas de aplicar una regla de inferencia con disyunción y conjunción funcionan. Sólo se dirá que igual funciona con reglas de inferencia de equivalencia.

Siendo esto así, el modus ponens expresado como el teorema *((a→b)∧a)→b* e interpretado como una regla de inferencia, puede ser usado de la forma tradicional en una derivación del tipo

```
...
a→b
...
a
por consiguiente
b
```

Nótese que por conmutatividad, lo siguiente también sería válido en una derivación:

```
...
a
...
a→b
```

por consiguiente
b

El contrapositivo

Hay una forma de invertir la implicación llamada contrapositivo. Vamos a demostrar que

$(a{\to}b)=(\neg b{\to}\neg a)$

$(a{\to}b)=(\neg b{\to}\neg a)$
$(\neg a{\vee}b)=(\neg(\neg b){\vee}\neg a)$
$(\neg a{\vee}b)=(b{\vee}\neg a)$
$(\neg a{\vee}b)=(\neg a{\vee}b)$
T

Todo fue por equivalencia por lo que se puede llegar de *T* al teorema. ∎

Reducción al absurdo

Hay una forma muy especial de demostrar un teorema que dice que, para demostrarlo, basta con suponer la negación de la sentencia como hipótesis (algo que veremos más adelante) y ver cómo esa negación nos lleva a una falsedad. De hecho, a veces es más fácil demostrar las cosas así que de forma directa. Vamos a demostrar que

$(\neg a{\to}F){\to}a$

$(\neg a{\to}F){\to}a$
$(\neg(\neg a){\vee}F){\to}a$
$(a{\vee}F){\to}a$
$a{\to}a$
$\neg a{\vee}a$
T

Todo fue por equivalencia por lo que se puede llegar de *T* al teorema. ∎

De ahí, es muy fácil derivar el corolario *(a→F)→¬a*, que también es útil para hacer reducción al absurdo.

$(\neg a{\to}F){\to}a$ (s.v. de a por ¬a)
$(\neg\neg a{\to}F){\to}\neg a$

$(a{\to}F){\to}{\neg}a$

Introducción de hipótesis, derivaciones y deducción

Introducción

Hasta ahora todas nuestras demostraciones han funcionado encontrando una secuencia de aplicaciones de las reglas de inferencia válidas sobre T hasta encontrar nuestra sentencia. Ahora vamos a hacer un proceso diferente. Supongamos que queremos demostrar $A{\to}B$. Se puede hacer de la siguiente manera:

```
A
... (aplicamos reglas de inferencia y sustitución de variables)
B
```

Como podemos ver, aquí no se partió de T. Se partió de A como **hipótesis**. Y con las reglas de inferencia ya validadas se llegó a B. El hecho de haber podido llegar de A a B demuestra que A deriva a B, o lo que es lo mismo, $A{\to}B$, y por lo tanto $A{\to}B$ es una proposición y una nueva regla de inferencia válida. Al hecho de transformar a T o a cualquier expresión, como A, con reglas de inferencia válidas se llama **derivación**. Y al hecho de obtener una nueva proposición observando una derivación se llama **deducción**. Es posible que podamos intuir por qué podemos hacer esto. La demostración de porqué es válido pertenece a la lógica-matemática y se llama **Teorema de Deducción**, sin embargo es algo que no discutiremos en esta obra. Lo que sí mencionaremos es que, si se obtiene una nueva proposición a través de una deducción, eso significa que hay un camino válido de T a ella.

Como ejercicio, vamos a demostrar ${\neg}{\neg}T$ con el uso de la deducción, la reducción al absurdo y la sustitución de variables. Para ilustrar la técnica, vamos a ignorar por ahora la ley de la doble negación. Vamos a derivar de ${\neg}{\neg}{\neg}T$:

```
¬¬¬T
¬¬F
¬T
F
```
por lo tanto, deduciendo, obtenemos la proposición ${\neg}{\neg}{\neg}T{\to}F$. ∎

Por otro lado, si derivamos de la reducción al absurdo obtenemos la siguiente proposición:

```
(¬a→F)→a (s.v. de a a ¬¬T)
(¬¬¬T→F)→¬¬T ∎
```

Volviendo a la deducción, podemos derivar de ${\neg}{\neg}{\neg}T{\to}F$ aplicando el resultado anterior:

```
¬¬¬T→F (aplicando (¬¬¬T→F)→¬¬T)
¬¬T ■
```

y listo. Como $¬¬¬T→F$ es una proposición y derivamos de ella mediante la reducción al absurdo, entonces $¬¬T$ es una proposición más.

Ahora, si lo que queremos es demostrar $A=B$ mediante la deducción, tenemos que hacer dos derivaciones:

A

...

B

y

B

...

A

de modo que obtenemos $A→B$ y $B→A$, que es lo mismo que $A=B$, algo que igual se puede demostrar.

Reglas de inferencia temporales

Ahora, supongamos que introducimos la hipótesis

A=B

y luego empezamos a derivar. Supongamos que llegamos a algo como

A=B

...

...A...

Como antes de ...A... tenemos $A=B$, podemos usar a $A=B$ como una regla de inferencia temporal, es decir, que sólo funciona en el contexto de la derivación de la hipótesis. Por lo que la siguiente derivación es válida:

A=B

...

...A...

...B...

Ahora, supongamos que estamos derivando, ya sea desde una proposición o desde una hipótesis y llegamos a lo siguiente:

```
. . .
A=B
```

A partir de este momento, podemos usar a *A=B* como una regla de inferencia en expresiones posteriores (sólo en el contexto actual). Si esa regla de inferencia es temporal o no, depende de si estamos derivando de una hipótesis o de si estamos derivando desde una proposición. Por ejemplo, la siguiente derivación sería válida:

```
. . .
A=B
. . .
...A...
...B...
```

Ahora, supóngase que estamos derivando y llegamos a lo siguiente:

```
. . .
(A=B)∧(C=D)
```

Esa última expresión puede ser interpretada como un par de reglas de inferencia: la regla A=B y la regla C=D, ya que ambas cláusulas han sido validadas en base a lo anterior. Nuevamente, esas reglas de inferencia serán temporales o no dependiendo de si se está derivando desde una hipótesis o desde una proposición, respectivamente.

De igual modo, si introducimos la hipótesis

```
(A=B)∧(C=D)
```

podemos usar, de forma temporal, las reglas *A=B* y *B=C*. Por ejemplo, lo siguiente sería válido:

```
(A=B)∧(C=D)
. . .
...A...
...B...
. . .
...C...
...D...
```

Nótese que cuando se introduce una hipótesis que puede ser interpretada como una o más reglas de inferencia, estas reglas temporales se pueden aplicar directamente sobre sí misma, tal y como lo hicimos con los axiomas anteriormente. Por ejemplo:

```
(A=B)∧A (aplicándolo sobre sí mismo)
(A=B)∧B
```

lo cual nos puede llevar a pensar que, en cierto sentido, si no tomáramos en cuenta a la intuición, los axiomas serían una especie de hipótesis. También esto es válido:

. . .

```
(A=B)∧A (aplicándolo sobre sí mismo)
(A=B)∧B
```

Por último, si tenemos la proposición $A \wedge B$, tanto A como B pueden ser interpretadas como proposiciones o reglas de inferencia.

Demostraciones estructuradas

Introducción

Para darle más claridad a nuestras demostraciones y poder llegar más allá vamos a definir una forma de estructurarlas. Para esto vamos a volver a demostrar algunas de las proposiciones que ya habíamos demostrado como si no las hubiéramos demostrado.

Demostraciones directas

Empecemos demostrando $\neg F$:

```
Demostremos el teorema ¬F
T
¬F ∎
```

Nótese que empezamos con "Demostremos el teorema". Aquí podemos escribir

```
Demostremos que
o
Demostremos la proposición
o
Demostremos el teorema
o
Demostremos el lema
o
Demostremos el corolario
o
Demostremos la ley
```

o lo que sea según sea el caso. Nótese también que al final se usó el símbolo ∎ para indicar que hemos conseguido nuestro objetivo principal de demostrar algo, que ese algo es importante y que debemos recordarlo posteriormente.

Caminos inversos

Ahora, vamos a demostrar nuevamente $\neg F$ pero esta vez como lo hicimos al principio, esto es, siguiendo el camino inverso hacia T y luego indicando que se puede invertir porque se usaron reglas de inferencia de equivalencia válidas antes de la derivación:

```
Demostremos que ¬F
¬F
T
y viceversa
por lo tanto ¬F ∎
```

El "y viceversa" es el que indica que hay un camino inverso válido de *T* hacia *¬F*.

Demostraciones por generalización

Ahora, vamos a estructurar las demostraciones hechas con el esquema de axiomas de generalización *(S(T)∧S(F)→S(X))=T*. Para esto vamos a demostrar nuevamente *a=a*:

```
Demostremos la ley a=a
Si a=T
  T=T (por el axioma (T=T)=T)
  T
  y viceversa
y si a=F
  F=F (por (F=F)=T)
  T
  y viceversa
por lo tanto a=a ∎
```

Nótese que se usaron algunos comentarios como ya lo hemos estado haciendo antes, cuando todavía no estructurábamos.

Contexto tácito

Hasta ahora, en nuestras demostraciones estructuradas asumimos un contexto tácito anterior a ellas, que consiste en todas las reglas de inferencia previamente coleccionadas.

Contexto explícito

Para darle más claridad a nuestras demostraciones podemos hacer explícito parte del contexto tácito de la siguiente manera:

```
Sabemos que ¬F=T
```

```
Demostremos el teorema ¬F
T
¬F ∎
```

Usando "Sabemos que ..." traemos a colación una regla de inferencia coleccionada en demostraciones previas. Podemos observar cómo la regla se usa en la demostración.

Principio de explosión

Vamos a demostrar el Principio de Explosión, que implica, de alguna manera, que si un sistema llega a una contradicción o falsedad entonces puede llegar a cualquier cosa:

```
Demostremos F→a
Si a=T
  F→T
  T
  y viceversa
y si a=F
  F→F
  T
  y viceversa
por lo tanto F→a ∎
```

Por eso es importante que un sistema sea consistente en su totalidad, es decir, que no tenga ninguna contradicción, porque si llega a tener una sola contradicción, entonces puede derivar desde ahí cualquier cosa, ya que *a* en *F→a* puede ser sustituida por cualquier cosa y luego se puede usar esa proposición como regla de inferencia. Por otro lado, si un sistema demuestra ser útil hasta cierto punto, pero en algún lugar se deriva una falsedad, es posible que el sistema pueda ser sanado modificando su conjunto de axiomas y reglas de inferencia.

Vamos a demostrar el siguiente corolario del Principio de Explosión:

```
Corolario a→T
Recordemos que F→a (s.v.)
F→¬a (contrapositivo)
a→T ∎
```

Este corolario es confuso, porque dice que cualquier cosa deriva a la verdad y pareciera decir que cualquier cosa es verdad, pero póngase especial atención a la dirección de la flecha. Para demostrar, derivando, que algo es verdad, se deriva desde *T*, y no al revés.

Por último, vamos a demostrar el siguiente teorema que nos será útil más adelante:

```
Teorema (a∧b)→a
Si a=T
   (T∧b)→T (el corolario anterior es verdad y s.v.)
   T
   y viceversa
y si a=F
   (F∧b)→F
   F→F
   T
   y viceversa
por lo tanto (a∧b)→a ■
```

Introducción de hipótesis y deducción

Con todo lo que ya sabemos vamos a demostrar modus ponens como si no lo hubiéramos demostrado introduciendo una hipótesis y sacando una deducción de su derivación, todo esto de forma estructurada:

```
Demostremos modus ponens ((a→b)∧a)→b
Si (a→b)∧a
   (¬a∨b)∧a
   (¬a∧a)∨(b∧a)
   F∨(b∧a)
   b∧a (por el teorema (a∧b)→a)
   b
por lo tanto ((a→b)∧a)→b ■
```

Podemos observar que en esta ocasión usamos la estructura "Si ... ... por lo tanto ..." para introducir una hipótesis y deducir una proposición a partir de su derivación.

Reducción al absurdo

Vamos a demostrar ¬¬¬F para ilustrar la reducción al absurdo estructurada:

```
Si ¬¬F
   ¬T
   F
por lo tanto ¬¬¬F ■
```

En general, la reducción al absurdo estructurada tiene las formas:

```
Si A
  ...
  F
por lo tanto ¬A

o

Si ¬A
  ...
  F
por lo tanto A
```

que se corresponden con el teorema y corolario de la reducción al absurdo previamente demostrados.

Anidación de hipótesis y contextos hipotéticos

Las hipótesis se pueden introducir en cualquier momento y llegan a una deducción:

```
...
Si A
  ...
  B
por lo tanto A→B
... (derivaciones desde A→B)
```

Incluso, se pueden anidar hipótesis dentro de otras hipótesis:

```
Si A
  ...
  Si B
    ...
    C
  por lo tanto B→C
  ...
  D
por lo tanto A→D
...
```

El detalle en un ejemplo como el de arriba es que $B{\to}C$ no es una proposición permanente. Es una proposición temporal que sólo es válida desde que queda demostrada hasta antes de que se deduzca $A{\to}D$. Por lo que después de la deducción de $A{\to}D$, la proposición temporal $B{\to}C$ deja de ser válida y ya no se puede usar como regla de inferencia.

Recordemos lo que ya se ha mencionado de las reglas de inferencia temporales. Esto aplica en cada nivel de anidación.

```
...
A=B
...
A
B
```

o por ejemplo:

```
...
A=B
...
Si C
   ...
   A
   B
...
```

En el ejemplo de arriba vemos que las proposiciones previas en un contexto más general sí son válidas en un contexto más particular posterior. Sin embargo, lo siguiente puede estar mal:

```
Si A
   ...
   A=B
   ...
por lo tanto C
...
A
B (A=B dejó de ser válido cuando concluyó la deducción anterior)
```

y también esto puede estar mal:

```
Si A
   ...
   A=B
   ...
```

```
por lo tanto C
...
Si B
   ...
   A
   B (puede estar mal porque A=B fue temporal en otro contexto)
...
```

Por lo que hay que ser cuidadosos al aplicar una regla de inferencia, ya que muchas serán temporales según su **contexto hipotético**.

Deducción de igualdad

Los siguientes ejemplos nos ilustran cómo podemos deducir una igualdad a partir de una hipótesis.

```
Si A
   ...
   B
   y viceversa
por lo tanto A=B
```

Aquí usamos el "y viceversa" por lo que las derivaciones hechas de *A* hasta *B* deben ser hechas con reglas de inferencia de equivalencia coleccionadas antes de la introducción de la hipótesis. Veamos el siguiente ejemplo:

```
Si A
   ...
   B
y si B
   ...
   A
por lo tanto A=B
```

Aquí demostramos que hay un camino válido de *A* a *B* y de *B* a *A*, hechos con cualquier tipo de regla de inferencia. Por lo que se deduce que *A=B*.

Deducciones sin hipótesis

Supongamos que estamos derivando

```
...
A
...
B
por consiguiente
A→B
```

lo cual es cierto porque hay un camino de *A* a *B*. Nótese el uso del "por consiguiente". Usaremos el "por consiguiente" cuando hagamos alguna deducción válida basada en todo aquello previo que sea válido en el contexto actual. Por ejemplo:

```
...
A→B
...
A
por consiguiente
B
...
```

Reiteración

Si hay una proposición previa, que es válida, sea tácita o explícita, podemos traerla a colación para derivar a partir de ella sólo por el hecho de ser válida en ese momento. Por ejemplo:

```
Demostremos ¬¬(x∧y)=(x∧y)
Recordemos que ¬¬a=a (sustituimos a por (x∧y) y tenemos)
¬¬(x∧y)=(x∧y)  ∎
```

Usamos "Recordemos que ..." para traer a colación la proposición previamente demostrada ¬¬*a*=*a*, de modo que podamos derivar de ella y demostrar nuestra proposición.

Introducción de definiciones

Introducir una definición es equivalente a introducir un axioma con nuevos símbolos que quedarán reservados en lo que resta de la teoría, en el caso de una introducción permanente. También podemos introducir algunas definiciones temporales, lo cual es equivalente a introducir una hipótesis. Por ejemplo:

```
Sea x=a∧b
    T
```

```
...
...a∧b...
...x...
...
por lo tanto ... con esa definición de x ∎
```

Aquí se introdujo la definición de *x*, y la conclusión aclara que el resultado sólo es válido con esa definición de *x*.

También se pueden introducir muchas definiciones:

```
Sea x=..., y=...
...
por lo tanto ... (con esas definiciones)
```

Si queremos que nuestras definiciones sean permanentes en nuestro sistema podemos escribir algo como

```
Sea x=...
...
```

o algo como

```
Definición: K=... (Principio de ...)
...
```

Como no indentamos después de las definiciones, las definiciones serían permanentes en lo que resta del sistema. De este modo nuestro sistema puede hablar de más cosas.

Muchas anidaciones

Realmente no hay un límite en cuántos niveles de anidación hay, y en qué podemos anidar. Podemos anidar hipótesis sobre hipótesis sobre evaluación sobre reducción al absurdo sobre hipótesis, etc. Sólo hay que ser cuidadosos con el "y viceversa".

Demostraciones no estructuradas

Si en el ambiente donde se está presentando una demostración no hay aceptación hacia un formato estructurado, se puede "desestructurar" la demostración. Por ejemplo, desestructuremos nuestra demostración de *a=a*:

Demostremos la ley a=a. Si a es T entonces, reemplazando, T=T, y por el axioma (T=T)=T eso es T, y viceversa; y si x es F entonces F=F, y por (F=F)=T eso es T, y viceversa. Por lo tanto a=a. Queda demostrado.

Nótese el uso de las palabras "luego", "esto es", la forma en la que se usaron los comentarios, etc. Al final uno es libre de desestructurar o de expresar una demostración como uno quiera.

Introducción de una técnica nueva

```
Demostremos ((a→b)∧(b→c))→(a→c)
Si a=T
  ((T→b)∧(b→c))→(T→c)
  (b∧(b→c))→c
  (b∧(¬b∨c))→c
  ((b∧¬b)∨(b∧c))→c
  (F∨(b∧c))→c
  (b∧c)→c (equivale a un teorema anterior)
  T
  y viceversa
y si a=F
  ((F→b)∧(b→c))→(F→c) (el P. de E.)
  ((F→b)∧(b→c))→T (el corolario del P. de E.)
  T
  y viceversa
por lo tanto ((a→b)∧(b→c))→(a→c) ∎
```

Si interpretamos a *(a→b)* como una expresión, a *(b→c)* como una regla de inferencia de implicación, y a *(a→c)* como el resultado de aplicar la regla de inferencia sobre la expresión, eso quiere decir que las reglas de inferencia de implicación también pueden ser aplicadas en un tipo particular de parcialidad de una expresión. La parcialidad en cuestión sería el lado derecho de una expresión de implicación. Resumiendo, si tenemos la regla de inferencia *B→C* y la siguiente derivación

...
A→B

podemos derivar

...
A→B

A→C

*** **Las reglas de inferencia de implicación también pueden ser aplicadas a la parcialidad derecha de una expresión de implicación** ***

Por lo que podemos interpretar a las cláusulas de una proposición temporal o permanente de implicación o equivalencia como:

- Expresiones generales
- Reglas de inferencia válidas
- Deducciones
- Resultados de la aplicación de regla de inferencia

y con estas interpretaciones podemos generar más técnicas además de las 2 que se introdujeron al inicio, que al final de cuentas, son más reglas de inferencia.

Apéndice

Metalógica

Una metalógica es un sistema formal lógico que habla de otro sistema lógico. Todo lo que sigue en esta sección es un esbozo. Vamos a introducir al símbolo L, para representar a un sistema formal similar al nuestro, y al símbolo $\vdash$ que significa "deriva" o "demuestra" según lo que haya a la izquierda. Por ejemplo $L \vdash T$ significa "La lógica L demuestra T". Nótese que $\vdash$ tiene un significado similar a $\rightarrow$.

Esbozo del Primer Teorema de Gödel

El Primer Teorema de Gödel demuestra, vagamente hablando, que una lógica que sea consistente y que tenga la capacidad expresiva para teorizar sobre derivaciones, será incompleta, es decir, habrá verdades que no pueda demostrar. Para ilustrar esto mediante un esbozo introducimos la siguiente definición recursiva

$$G = \neg (L \vdash G)$$

que significa "G es cierta si y solo si L no la puede demostrar". También vamos a introducir una definición de consistencia

$$Con(L) = \neg (L \vdash F)$$

que significa "L es consistente si y solo si no demuestra falsedades". Vamos a demostrar un esbozo del Primer Teorema de Gödel

$$Con(L) \rightarrow G$$

que significa "si L es consistente entonces G tiene razón". Si G tiene razón, entonces lo que dice G, esto es, "L no puede demostrar G", es cierto, y por lo tanto existiría una verdad a la que L no puede llegar. Empecemos:

Sea
$$G = \neg (L \vdash G)$$
$$Con(L) = \neg (L \vdash F)$$

Demostremos primero el lema que dice que si L pudiera demostrar G entonces L sería inconsistente:

Lema $\quad (L \vdash G) \rightarrow \neg Con(L)$

```
Si L⊢G
  ¬¬(L⊢G) (por la definición de G)
  ¬G
  G=F
  por consiguiente
  L⊢F
  ¬¬(L⊢F) (por la definición de Con(L))
  ¬Con(L)
por lo tanto (L⊢G)→¬Con(L)
```

Ahora demostremos el Esbozo del Primer Teorema de Gödel:

```
Teorema Con(L)→G
Recordemos que (L⊢G)→¬Con(L) (por contrapositivo)
Con(L)→¬(L⊢G)
Con(L)→G ∎
```

Por lo que hemos demostrado que si *L* es consistente entonces *G* tiene razón.

Sorprendentemente, nuestro sistema fue capaz de hacer un razonamiento hipotético sobre una posible verdad a la que puede que *L* no llegue. Más sorprendentemente aún, el razonamiento depende de una suposición que parece cierta, es decir, que *L* es consistente. Si somos observadores, notaremos que la capacidad expresiva de nuestro sistema y de *L* son, en este momento, equivalentes, por lo que es casi como si al hablar de *L*, esta lógica hablara de sí misma.

Esbozo del Segundo Teorema de Gödel

Ahora, ¿es posible que *L* demuestre su propia consistencia? La respuesta es no si es consistente, y la da el Segundo Teorema de Gödel. Vamos a demostrar este esbozo:

```
Con(L)→¬(L⊢Con(L))
```

que significa "si *L* es consistente entonces no puede demostrar su propia consistencia" y lo vamos a hacer con una especie de reducción al absurdo, observando qué pasaría si *L* sí demostrara su propia consistencia. Empecemos:

```
Teorema Con(L)→¬(L⊢Con(L))
Si L⊢Con(L) (por el Esbozo del 1er T. de G., por la similitud entre
⊢ y →, y usando la tercera técnica)
  L⊢G (entonces por el lema)
  ¬Con(L)
```

```
por lo tanto (L⊢Con(L))→¬Con(L) (contrapositivo)
Con(L)→¬(L⊢Con(L)) ∎
```

Entonces, por más intuitivo que parezca que *L* es consistente, si realmente lo es, jamás podremos obtener una demostración formal de ello que *L* misma genere. Anteriormente mencionamos que nuestra *Lógica de demostraciones* pretendía ser completa y consistente. Y esto era así hasta antes de introducir las definiciones de *L*, ⊢, *G* y *Con(L)*. A partir de que se introdujeron esas definiciones, ya es un sistema diferente.

Como un corolario, vamos a demostrar que realmente el valor de verdad de *G* y el de *Con(L)* son equivalentes.

```
Corolario G=Con(L)
Si ¬Con(L)
   ¬¬(L⊢F)
   L⊢F (por el P. de E.)
   L⊢G
por lo tanto ¬Con(L)→(L⊢G)
¬(L⊢G)→Con(L)
G→Con(L)
Recordemos que Con(L)→G
por consiguiente
G=Con(L) ∎
```

Implicaciones

Las implicaciones de los Teoremas de Gödel son muy fuertes. Básicamente significan que las lógicas consistentes con cierta capacidad expresiva siempre serán incompletas y nunca podrán demostrar su propia consistencia. Las teorías más sencillas que sólo hablan de números naturales, la operación de suma, la operación de multiplicación, la igualdad y la inducción, ya tienen la suficiente capacidad expresiva para hablar de derivaciones, por lo que cualquier cosa más compleja como la teoría de conjuntos ZFC aplicada a las matemáticas o cualquier teoría de los números reales también tendrá esa capacidad expresiva y por lo tanto los Teoremas de Gödel aplican a ellas. Ahora, téngase en cuenta que los Teoremas de Gödel son fruto de un sistema formal que puede hablar de derivaciones, y por lo tanto, también aplican ahí, es decir, un sistema que demuestre los Teoremas de Gödel es incompleto o inconsistente, y no puede demostrar su propia consistencia. Por lo que sólo nos queda tener un poco de fe en la intuición de los axiomas que generan este tipo de teorías.

Casi siempre que hagamos matemáticas y ciencia con un sistema de cierta complejidad, podemos tener la sospecha de que el sistema que estamos usando es consistente, por la intuición que tenemos de sus axiomas, por su historia y por su comportamiento, pero también podemos tener la intuición de que si realmente es consistente, nunca lo podremos demostrar a ciencia cierta usando el mismo sistema. También, siempre que ataquemos un problema y veamos que no encontramos una solución, y veamos que tampoco podemos demostrar si tiene o no una solución, puede que estemos ante algo como la sentencia G, que sí tiene un valor de verdad, pero no es alcanzable, al menos con los axiomas que aceptamos el día de hoy.

Referencias

Daniel J. Velleman. (2019). How to Prove It: A Structured Approach.
Jay Cummings. (2018). Real Analysis: A Long-Form Mathematics Textbook.
Wikipedia. https://www.wikipedia.org/